国家能源集团陆上风电项目通用造价指标

（2024年水平）

国家能源集团技术经济研究院　编著

中国发展出版社
CHINA DEVELOPMENT PRESS

图书在版编目（CIP）数据

国家能源集团陆上风电项目通用造价指标：2024年
水平 / 国家能源集团技术经济研究院编著. -- 北京：
中国发展出版社，2025. 6. -- ISBN 978-7-5177-1481-1

Ⅰ. TM315

中国国家版本馆 CIP 数据核字第 20258ZW696 号

书　　　名：国家能源集团陆上风电项目通用造价指标（2024年水平）
著作责任者：国家能源集团技术经济研究院
责 任 编 辑：张　楠
出 版 发 行：中国发展出版社
联 系 地 址：北京经济技术开发区荣华中路22号亦城财富中心1号楼8层（100176）
标 准 书 号：ISBN 978-7-5177-1481-1
经 销 者：各地新华书店
印 刷 者：北京富资园科技发展有限公司
开　　　本：787mm×1092mm　1/16
印　　　张：3.5
字　　　数：80千字
版　　　次：2025 年 6 月第 1 版
印　　　次：2025 年 6 月第 1 次印刷
定　　　价：18.00元
联 系 电 话：（010）68990635　68990625
购 书 热 线：（010）68990682　68990686
网 络 订 购：http://zgfzcbs. tmall. com
网 购 电 话：（010）88333349　68990639
本 社 网 址：http://www.develpress.com
电 子 邮 件：morningzn@163.com

《国家能源集团陆上风电项目通用造价指标》

（2024 年水平）

编委会

主　　任：孙宝东

副 主 任：王文捷　　刘长栋　　王德金

编　　委：欧阳海瑛　　易晓亮　　郭大朋　　方　斌　　李　岚

前　言

　　国家能源投资集团有限责任公司（以下简称集团公司）为加强电力建设工程造价管理，有效管控工程投资，控制建设成本，提高投资收益，提升项目价值创造能力，打造"工期短、造价低、质量优、效益好"的精品工程，促进集团公司电力产业高质量发展，组织编制了《国家能源集团陆上风电项目通用造价指标（2024年水平）》。

　　本通用造价指标以近年来集团公司陆上风电项目技术方案及概算数据为基础，参考当前陆上风电行业技术发展趋势和设备价格水平，按照现行国家、行业及集团公司有关规范标准，统筹考虑市场价格水平、科技进步、资源节约、环境友好等因素进行编制，以期为集团公司及各子分公司陆上风电项目前期规划、立项决策、投资决策、全过程造价管控及对标管理提供支撑。

目　录

国家能源集团陆上风电项目通用造价指标（2024 年水平）

1 范围

本指标适用于海拔 3500 米以下、气温零下 40 摄氏度以上地区，平原、丘陵、山地和复杂山地四种地形，以及"沙戈荒"大基地新建陆上风力发电项目，可作为立项、投资决策阶段及全过程造价管理的参考。各应用场景适用装机容量范围分别为：

（1）平原：100~500MW。

（2）丘陵：100~200MW。

（3）山地：100~200MW。

（4）复杂山地：100MW。

（5）"沙戈荒"大基地：500~1000MW。

送出线路、配套储能费用作为单项指标不包括在基本方案通用造价指标中，根据项目实际情况与基本方案指标配合使用。当实际项目的装机容量、技术方案等与基本技术方案不同时，可根据编制说明中的调整方法，根据项目实际情况进行调整。

本指标仅针对陆上风电项目建设的一般情况，特殊情况可结合项目特点进行相应调整。

2 规范性引用文件

NB/T 31011—2019《陆上风电场工程设计概算编制规定及费用标准》；

NB/T 31010—2019《陆上风电场工程概算定额》；

《电力建设工程概算定额（2018 年版）》；

《关于风电场工程设计概算编制规定及费用标准中联合试运行费有关内容的解释》（可再生定额〔2022〕11 号）；

《关于调整水电工程、风电场工程及光伏发电工程计价依据中安全文明施工措施费费用标准的通知》（可再生定额〔2022〕39 号）；

《国家能源集团电力产业新（改、扩）建项目技术原则　风电、光伏及风光互补分册》。

3 编制原则

3.1 编制范围

本指标包括陆上风电场范围内全部发电、升压配电系统设备购置及安装、建筑工程（含 2km 进站道路），土地征用、长期用地、施工临时租地、工程前期、工程设计、项目建设管理、生产准备、水土保持补偿等常规项目，以及送出线路、储能工程费用，不包括区域集控中心、特殊地方政策性费用，"沙戈荒"大基地项目生态治理等相关费用。

本指标基本预备费在基本方案通用造价指标中计取，不包含在调整模块通用造价指标中，费率为 2%。

本指标价格计算到静态投资，不包含建设期贷款利息等动态费用。

3.2 编制依据

本指标执行 NB/T 31011—2019《陆上风电场工程设计概算编制规定及费用标准》，定额参考 NB/T 31010—2019《陆上风电场工程概算定额》，不足部分参考《电力建设工程概算定额（2018 年版）》；其他相关费用标准执行《关于风电场工程设计概算编制规定及费用标准中联合试运行费有关内容的解释》（可再生定额〔2022〕11 号）、《关于调整水电工程、风电场工程及光伏发电工程计价依据中安全文明施工措施费费用标准的通知》（可再生定额〔2022〕39 号）。

本指标中采用的技术原则参考《国家能源集团电力产业新（改、扩）建项目技术原则　风电、光伏及风光互补分册》。

3.3　编制说明

3.3.1　工程地质条件

（1）地震基本烈度为Ⅵ度。

（2）建（构）筑物设防烈度为 6 度。

（3）基础设计和施工不考虑地下水的影响。

3.3.2　地形说明

地形的类别划分和基本等高距的确定符合下列规定。

（1）平坦地：地面起伏比较小，广阔而平坦的陆地，主要特点是地势平坦，起伏和缓。

（2）丘陵地：地形连续起伏，相对高差一般小于 200 米，坡度较缓的连续低矮山丘。

（3）山地：地形有明显起伏，有明显的山丘和山谷，山脊较为连续，山坡不太陡峭，坡度小于 25°。

（4）高山地：地形海拔差异较大，山峰、山谷、悬崖等地形变化明显，山坡坡度较大，通常超过 25°。

3.3.3　设备、人工、材料价格

（1）风力发电机组和塔筒等主要设备价格依据集团近期招标采购价并参考近期市场平均水平综合确定。

（2）风力发电机组及塔筒设备购置费（含税到场价）包含运至安装平台或堆场的运费，卸车费按设备价 0.1% 计取，采购保管费按设备价 0.5% 计列；其他设备卸车费和采购代保管费不另外计列。

（3）塔筒设备价格包含锚栓等附件。

（4）人工预算单价执行 NB/T 31011—2019 中相应规定，详见表 1。

（5）建筑及安装工程主要材料价格参考 2024 年第二季度北京地区信息价计算，详见表 2。

表 1　人工预算单价表

序号	人工类别	单位	预算价格
1	高级技工	元 / 工日	249
2	技工	元 / 工日	173
3	普工	元 / 工日	120

表 2　主要材料价格表

序号	材料名称	单位	预算价格
1	钢筋（HRB400E）	元 /t	4678
2	柴油（0 号）	元 /t	9150
3	汽油（95 号）	元 /t	11420
4	碎石	元 /m³	141
5	中砂	元 /m³	147
6	钢材	元 /t	4607
7	水泥 32.5MPa	元 /t	377
8	商品混凝土 C20	元 /m³	406
9	商品混凝土 C30	元 /m³	463
10	商品混凝土 C40	元 /m³	502

注：以上材料价格均为不含税价。

3.3.4　技术方案及工程量

（1）主要技术方案以近年来国家能源集团、行业已投产陆上风电项目及典型设计工程方案为基础确定，体现国家能源集团"工期短、造价低、质量优、效益好"的精品工程成果。

（2）主要工程量以主要技术方案工程量测算。

3.3.5　其他

（1）覆冰区原则上考虑采用地埋电缆形式。

（2）本指标在使用时，可根据项目实际情况，通过调整模块造价指标，结合陆上风电项目主要参考工程量表、主要设备参考价格表和综合单价参考指标表进行调整。

（3）项目建设用地费、前期工程费、勘察设计费、水土保持费、环境保护费等相关费用根据国家能源集团近期项目平均水平综合取定，使用时可按照本指标"4　指标主要内容"中相关内容说明据实调整。

4 指标主要内容

4.1 陆上风电项目通用造价指标

4.1.1 通用造价指标（表3）

表3 陆上风电项目通用造价指标表

单位：元/kW

序号	装机容量	地形或场景	单机容量	基本方案指标	单项指标	
					送出线路	储能工程
1	1000MW	"沙戈荒"大基地	10MW级	3026	123	170
2	500MW	平原	6MW级	3442	127	170
			10MW级	3021	127	170
		"沙戈荒"大基地	6MW级	3418	133	170
			10MW级	2972	133	170
3	200MW	平原	6MW级	3609	141	170
		丘陵	6MW级	3689	141	170
		山地	6MW级	3948	141	170
4	100MW	平原	6MW级	3700	141	170
		丘陵	6MW级	3791	141	170
		山地	6MW级	4069	141	170
		复杂山地	6MW级	4488	141	170

注：（1）1000MW风电项目由2个500MW规模风场和2个330kV升压站，通过40km联络线组成；
（2）配套储能按10%容量、2小时放电时长计列费用。

4.1.2 通用造价指标边界条件

4.1.2.1 基本方案通用造价指标边界条件

（1）机组选型：

·风电机组单机容量为 6.25MW，叶轮直径为 200m，轮毂高度为 125m；

·风电机组单机容量为 10MW，叶轮直径为 230m，轮毂高度为 160m；

·塔筒型式为钢塔筒，风机基础采用天然地基。

（2）价格水平：

·本指标价格水平为 2024 年第二季度价格水平；

·6MW 级、7MW 级、10MW 级风电机组（不含塔筒）价格分别为 1500 元 /kW、1380 元 /kW、1300 元 /kW；

·其他设备、人工、材料价格见本指标 3.3.3 关于设备、人工、材料价格的说明。

（3）本指标只计算到静态投资，其中包含基本预备费，费率按 2% 计列。

（4）基本方案指标不包含以下费用，使用时可根据项目单项指标、项目实际情况及相关依据文件等进行调整：

·植被保护措施等特殊施工费用；

·新建或分摊对端改造、汇集站等接入系统相关费用；

·"沙戈荒"大基地项目生态植被保护措施或特殊工程费用；

·区域集控中心；

·特殊地方政策性费用；

·高寒、高海拔等特殊地区调整费用；

·除征租地以外的土地占用税等建设用地相关费用；

・特殊科研、试验项目费用；

・送出线路、储能工程等单项指标项目。

（5）智能风电场重点布局于视频数据集中监控单元、无线网络建设、多设备及关键部位的在线监测，参考造价指标为430万元。

4.1.2.2　单项指标边界条件

（1）送出线路：

　　・该单项指标仅为送出线路工程，其他为满足接入条件所发生的各项相关费用不在本单项指标中考虑；

　　・100MW项目考虑110kV、1×400单回路，15km送出；

　　・200MW项目考虑220kV、2×300单回路，25km送出；

　　・500MW常规项目考虑220kV、2×400单回路，50km送出；

　　・500MW"沙戈荒"大基地项目考虑330kV、2×400单回路，50km送出；

　　・1000MW"沙戈荒"大基地项目考虑330kV、2×400双回路，50km送出；

　　・详细技术说明及造价指标见本指标5.1相关内容。

（2）储能工程：

　　・本指标储能工程单项指标按配套储能考虑，采用磷酸铁锂电池方案，按10%容量、2小时放电时长计；

　　・详细技术说明及造价指标见本指标5.2相关内容。

4.1.3 各类费用占指标的比例（表4）

表 4 基本方案各类费用占指标比例表

单位：%

装机容量	地形	设备购置费占比	安装工程费占比	建筑工程费占比	其他费用占比	静态投资
1000MW（10MW 级）	"沙戈荒"大基地	65	14	14	7	100
500MW（10MW 级）	平原	67	12	14	7	100
	"沙戈荒"大基地	67	11	15	7	100
500MW（6MW 级）	平原	67	13	13	7	100
	"沙戈荒"大基地	68	12	13	7	100
200MW	平原	66	12	14	8	100
	丘陵	65	13	14	8	100
	山地	60	14	18	8	100
100MW	平原	64	13	13	10	100
	丘陵	62	14	14	10	100
	山地	58	15	18	9	100
	复杂山地	53	16	23	8	100

4.2 陆上风电基本技术方案（表5）

表 5　陆上风电基本技术方案一览表

装机容量	单机容量	塔筒型式及轮毂高度	风机基础	机组变电站	集电线路	升压站/开关站
1000MW（"沙戈荒"大基地）	10MW	混合塔筒轮毂高度160m	天然地基	10600kVA油浸式变压器	架空线路（单+双回）	2座升压站，每座330kV升压站以1回330kV线路送出，每座330kV升压站，330kV采用线变组接线形式，35kV采用单母线接线形式，2座升压站之间采用40km联络线连接
500MW	6.25MW/10MW	钢塔筒/混合塔筒轮毂高度125m/160m	天然地基	6900kVA/10600kVA油浸式变压器	架空线路（单+双回）	1座220kV升压站，部分预制（一次、二次、GIS预制舱、生活舱），以1回220kV线路送出，配置3台170MVA主变压器，220kV采用线变组接线形式，35kV采用单母线接线形式
500MW（"沙戈荒"大基地）	6.25MW/10MW	钢塔筒/混合塔筒轮毂高度125m/160m	天然地基	6900kVA/10600kVA油浸式变压器	架空线路（单+双回）	1座330kV升压站，以1回330kV线路送出，配置2台250MVA主变压器，330kV采用线变组接线形式，35kV采用单母线接线形式
200MW	6.25MW	钢塔筒轮毂高度125m	天然地基	6900kVA油浸式变压器	架空线路（单+双回）	1座220kV升压站，部分预制（一次、二次、GIS预制舱、生活舱），以1回220kV线路送出，配置2台100MVA主变压器，220kV采用线变组接线形式，35kV采用单母线接线形式
100MW	6.25MW	钢塔筒轮毂高度125m	天然地基	6900kVA油浸式变压器	架空线路（单+双回）／地埋电缆（复杂山地）	1座110kV升压站，部分预制（一次、二次、GIS预制舱、生活舱），以1回110kV线路送出，配置1台100MVA主变压器，110kV采用线变组接线形式，35kV采用单母线接线形式

4.3 陆上风电项目主要参考工程量（表 6）

表 6 陆上风电项目主要参考工程量表

序号	项目名称	主要技术参数	单位	工程量				
				1000MW	500MW	500MW	200MW	100MW
				10MW 级	10MW 级	6MW 级		
一	风机机组出线	为 6.25MW/10MW 级机型长度，其他机型工程量详见表 11	km	81	40.5	38.4	15.36	7.68
二	集电线路	为 6.25MW/10MW 级机型平原地形架空线长度，其他机型、地形工程量详见表 11	km	156	78	142.36	65.66	39.84
三	检修道路	为 6.25MW/10MW 级机型平原地形场内道路长度，其他机型、地形工程量详见表 11	km	111	55.5	104.5	43.65	23.23
四	房屋建筑							
1	生产及生产辅助区、生活区		m²	4000	2000	2000	1340	1120
2	库房		m²	420	210	210	120	90
五	征地面积							
1	永久征地面积		亩①	261.88	106.94	112.72	46.58	34.43
2	长期用地面积		亩	691.2	345.6	965.77	398.26	209.09
3	临时租地面积		亩	1268	634.2	1786	736.5	386.66

---

① 1 亩 ≈ 666.667 平方米。

4.4 陆上风电项目主要设备参考价格（表7）

表 7　陆上风电项目主要设备参考价格表

序号	名称及型号	设备参数	单位	单价（含税）
一	风力发电机组	涵盖目前市场上的主流机型		
1	6MW 级	单体 6.25MW 级机型	元 /kW	1500
2	7MW 级	单体 7MW 级机型	元 /kW	1380
3	10MW 级	单体 10MW 级机型	元 /kW	1300
二	钢塔筒			
1	6MW 级	轮毂高度 125m，钢塔重 310t	元 /kW	515
2	7MW 级	轮毂高度 125m，钢塔重 378t	元 /kW	460
三	混合塔筒			
1	6MW 级	轮毂高度 160m，钢塔段 58t，预制管片混凝土 768m^3	元 /kW	535
2	7MW 级	轮毂高度 140m，钢塔段 63t，预制管片混凝土 787m^3	元 /kW	480
3	10MW 级	轮毂高度 160m，钢塔段 74t，预制管片混凝土 849m^3	元 /kW	415
四	机组变电站			
1	干变（华氏）	6700kVA，二级能效	万元 / 台	80
2	油变（华氏）	6700kVA，二级能效	万元 / 台	75
3	干变（华氏）	6900kVA，二级能效	万元 / 台	82
4	油变（华氏）	6900kVA，二级能效	万元 / 台	77
5	干变（华氏）	7900kVA，二级能效	万元 / 台	85
6	油变（华氏）	7900kVA，二级能效	万元 / 台	80
7	干变（华氏）	10200kVA，二级能效	万元 / 台	88

序号	名称及型号	设备参数	单位	单价（含税）
8	油变（华氏）	10200kVA，二级能效	万元/台	83
9	干变（华氏）	10600kVA，二级能效	万元/台	90
10	油变（华氏）	10600kVA，二级能效	万元/台	85
11	干变（华氏）	11100kVA，二级能效	万元/台	93
12	油变（华氏）	11100kVA，二级能效	万元/台	88
五	主变压器			
1	110kV	50MVA，二级能效，包括主变在线监测和主变消防	万元/台	298
2	110kV	100MVA，二级能效，包括主变在线监测和主变消防	万元/台	466
3	220kV	100MVA，二级能效，包括主变在线监测和主变消防	万元/台	550
4	220kV	170MVA，二级能效，包括主变在线监测和主变消防	万元/台	850
5	330kV	250MVA，二级能效，包括主变在线监测和主变消防	万元/台	1100
六	主要配电设备			
1	110kV GIS	40kA，含断路器	万元/台	80
2	220kV GIS	50kA，含断路器	万元/台	177
3	330kV GIS	50kA，含断路器	万元/台	445
4	35kV 开关柜	31.5kA，真空	万元/台	18
5	35kV PT 柜		万元/台	11
6	SVG 无功补偿装置	±20Mvar 直挂式户外水冷式	万元/台	120
7	SVG 无功补偿装置	±25Mvar 直挂式户外水冷式	万元/台	150

4.5 陆上风电项目综合单价参考指标（表8）

表 8　陆上风电项目综合单价参考指标表

序号	模块名称	技术特征及说明	单位	综合单价
一	风电机组安装	风机、塔筒及锚栓设备吊装工程费		
1	钢塔筒—轮毂高度125m	适用于单机容量 6MW 级机组	万元/台	65.05
2	混合塔筒—轮毂高度 160m	适用于单机容量 6MW 级机组	万元/台	92
		适用于单机容量 10MW 级机组	万元/台	109
二	风机机组出线	风机机组出线安装工程 适用于单机容量 6MW 级机组	万元/km	119.57
		风机机组出线安装工程 适用于单机容量 10MW 级机组	万元/km	121.47
三	风电机组基础	风电机组基础工程施工费		
1	天然地基—钢塔筒—轮毂高度125m	适用于单机容量 6MW 级机组	万元/台	154.34
2	天然地基—混合塔筒—轮毂高度160m	适用于单机容量 6MW 级机组	万元/台	215.26
		适用于单机容量 10MW 级机组	万元/台	280.37
3	桩基—钢塔筒—轮毂高度125m	钢筋混凝土灌注桩，桩径 0.8m，桩长约 20m；适用于单机容量 6MW 级机组	万元/台	181.62
4	桩基—混合塔筒—轮毂高度160m	钢筋混凝土灌注桩，桩径 0.8m，桩长约 25m；适用于单机容量 6MW 级机组	万元/台	258.3
		钢筋混凝土灌注桩，桩径 0.8m，桩长约 25m；适用于单机容量 10MW 级机组	万元/台	336.44
5	灌注桩		元/m³	1711
四	机组变电站	一机一变，包含安装及基础费用；适用于单机容量 6MW 级机组	万元/台	11
		一机一变，包含安装及基础费用；适用于单机容量 10MW 级机组	万元/台	12

续表

序号	模块名称	技术特征及说明	单位	综合单价
五	集电线路	包含从机组变压器至升压变电站的地埋电缆和架空线路的建筑及安装费，不考虑覆冰，其中架空线路指标中已综合考虑箱式变压器（简称箱变）至架空线路塔基之间的地埋电缆费用		
1	架空线路——平原	35kV 单回架空线，平原地貌；不同机型、容量工程量详见表 11	万元 /km	47
		35kV 双回架空线，平原地貌；不同机型、容量工程量详见表 11	万元 /km	78
2	架空线路——丘陵	35kV 单回架空线，丘陵地貌；不同机型、容量工程量详见表 11	万元 /km	49.35
		35kV 双回架空线，丘陵地貌；不同机型、容量工程量详见表 11	万元 /km	81.9
3	架空线路——山地	35kV 单回架空线，山地地貌；不同机型、容量工程量详见表 11	万元 /km	54.05
		35kV 双回架空线，山地地貌；不同机型、容量工程量详见表 11	万元 /km	89.7
4	架空线路——连接电缆	6MW 级机型	万元 /km	69.61
		10MW 级机型	万元 /km	54.97
5	升压站间联络线	2 座 330kV 升压站联络线	万元 /km	133
6	地埋电缆——平原	35kV 地埋电缆，采用铝合金电力电缆（导线截面 3mm × 120mm~3mm × 300mm），平原地貌；不同机型、容量工程量详见表 11	万元 /km	44.95
7	地埋电缆——山地	35kV 地埋电缆，采用铝合金电力电缆（导线截面 3mm × 120mm~3mm × 300mm），山地地貌；不同机型、容量工程量详见表 11	万元 /km	44.96
六	交通工程			
1	新建检修道路——平原	平原风电场内新建检修道路，200mm 厚碎石路面；不同机型、容量道路长度详见表 11	万元 /km	25.92
2	新建检修道路——丘陵	丘陵风电场内新建检修道路，200mm 厚碎石路面；不同机型、容量道路长度详见表 11	万元 /km	36.15

续表

序号	模块名称	技术特征及说明	单位	综合单价
3	新建检修道路——山地	山地风电场内新建检修道路，200mm 厚碎石路面；不同机型、容量道路长度详见表11	万元/km	63.2
4	新建检修道路——复杂山地	复杂山地风电场内新建检修道路，200mm 厚碎石路面；不同机型、容量道路长度详见表11	万元/km	119.07
5	新建检修道路——"沙戈荒"大基地	"沙戈荒"大基地项目风电场内新建检修道路，200mm 厚碎石路面；不同机型、容量道路长度详见表11；综合单价未考虑换填费用，如考虑换填20%，则单位造价在该模块基础上另增加15 万元/km；如考虑换填50%，则单位造价在该模块基础上另增加40 万元/km	万元/km	20.06
6	新建进站道路	2km 长、4m 宽、210mm 厚水泥混凝土路面	万元/km	87.32
七	房屋建筑			
1	生产及生产辅助区、生活区	不含地基处理	元/m²	3500
2	库房	不含地基处理	元/m²	2500
八	项目建设用地费	包括土地征收费、长期用地费用、临时用地费用		
1	永久征地	参照项目所在地征租地法律法规及补偿标准；适用于常规项目	万元/亩	15
		参照项目所在地征租地法律法规及补偿标准；适用于"沙戈荒"大基地项目	万元/亩	10
2	长期用地	适用于常规项目	万元/(亩·年)	0.05
		适用于"沙戈荒"大基地项目	万元/(亩·年)	0.05
3	临时租地	适用于常规项目	万元/(亩·年)	0.05
		适用于"沙戈荒"大基地项目	万元/(亩·年)	0.05

4.6 基本组合方案技术说明（表9）

表9 基本组合方案技术说明表

模块名称	1000MW	500MW	200MW	100MW
风力发电机组	风机本体设备购置费； 6MW级风机单机容量为6.25MW，叶轮直径为200m，轮毂高度为125m； 10MW级风机单机容量为10MW，叶轮直径为230m，轮毂高度为160m			
塔筒（架）	塔筒及锚栓设备购置费； 6MW级风机适配钢制塔筒，单台塔筒重量300t（含锚栓重量）； 10MW级风机适配混合塔筒			
风电机组安装	风机、塔筒设备吊装工程费； 塔筒分四段吊装，叶轮整体吊装； 6MW级风机低压侧采用ZC-YJY23-1.8/3kV-3×300型阻燃型交联聚乙烯绝缘电缆； 10MW级风机低压侧采用ZC-YJY23-1.8/3kV-3×300型阻燃型交联聚乙烯绝缘电缆			
风电机组基础	风力发电机组基础工程施工费； 风机基础采用现浇钢筋混凝土扩展式基础； 风机基础与塔筒采用预应力锚栓组件连接；基础混凝土强度等级取C40或C45，抗冻等级F200，主受力钢筋强度等级为HRB400			
机组变电站	机组变压器设备、安装及建筑工程费； 6MW级风机采用一机一变的电气接线方式，选用容量为6900kVA的油浸箱式变电站（二级能效），高压侧电压选用35kV等级； 10MW级风机采用一机一变的电气接线方式，选用容量为10600kVA的油浸箱式变电站（二级能效），箱变35kV侧采用真空断路器操作； 箱变的低压开关柜内设置一台箱变测控装置和相应的光纤连接设备，以满足综合自动化系统的测控要求，智能箱变控制装置采用内嵌式自愈光纤环形以太网交换机，通信规约采用标准的IEC103/104规约； 箱式变压器基础采用现浇钢筋混凝土箱型结构，混凝土强度等级为C30，天然地基			

续表

模块名称	1000MW	500MW	200MW	100MW
机组出线及接地	风电机组出线、发电场区接地和与发电场相关的其他星星项目的设备建筑安装工程费； 风机接地网以水平接地体为主，垂直接地体为辅，形成复合接地网； 水平接地体采用 60mm×6mm 镀锌扁钢，垂直接地体采用 φ50mm 镀锌钢管，$L = 2500mm$，$\delta=3.5mm$			
	集电电缆、集电架空线路等安装及建筑工程费； 集电线路和箱式变压器高压侧电压选用 35kV 等级； 集电线路采用电缆加架空的方式； 集电线路箱变至架空线之间、架空线与 35kV 开关柜之间采用铝芯电力电缆； 架空部分导线型式采用钢芯型式铝绞线			
集电线路	每回集电线路接 10MW 级风机 2~3 台，每座升压站接 18 回集电线路，每回容量为 20~30MW	6MW 级风机每回集电线路接 4 台 6.25MW 级风机，共 20 回集电线路，每回容量为 25MW； 10MW 级风机 每回集电线路接 2~3 台 10MW 级风机，共 18 回集电线路，每回容量为 20~30MW	每回集电线路接 4 台 6.25MW 级风机，共 8 回集电线路，每回容量为 25MW	每回集电线路接 4 台 6.25MW 级风机，共 4 回集电线路，每回容量为 25MW
升压变电站工程	配置 2 座 330kV 升压站； 每座升压站各设置 2 台容量为 250MVA 的 330kV/35kV 有载调压主变压器； 每座升压站总用房面积为 2210m²，其中，生产及生产辅助区和生活区 2000m²，库房 210m²； 2 座升压站之间以 330kV 双回 2×630mm² 联络线连接后合并外送，联络线长度 40km	配置 1 座 220kV 升压站，设置 3 台容量为 170MVA 的 220kV/35kV 有载调压主变压器； 总用房面积为 2210m²，其中，生产及生产辅助区和生活区 2000m²，库房 210m²	配置一座 220kV 升压站，设置 2 台容量为 100MVA 的 220kV/35kV 有载调压主变压器； 主接线采用单母线接线方式，配电装置采用户内 GIS； 总用房面积为 1460m²，其中，生产及生产辅助区 1340m²，生活区 120m²	配置 1 座 110kV 升压站，设置 1 台容量 100MVA 的 220kV/35kV 有载调压主变压器；主接线采用单母线接线形式， 总用房面积为 1210m²，其中，生产及生产辅助区和生活区 1120m²，库房 90m²
		常规项目配置 1 座 220kV 升压站，设置 2 台容量为 250MVA 的 220kV/35kV 有载调压主变压器； 总用房面积为 2210m²，其中，生产及生产辅助区和生活区 2000m²，库房 210m²； "沙戈荒" 大基地项目配置 1 座 330kV 升压站，设置 2 台容量为 250MVA 的 330kV/35kV 有载调压主变压器； 总用房面积为 2210m²，其中，生产及生产辅助区和生活区 2000m²，库房 210m²		

续表

模块名称	1000MW	500MW	200MW	100MW
升压变电站工程	35kV 配电装置采用多段单母线接线，选用户内成套装置金属封闭开关设备，选用户内的水冷直挂型 SVG 动态补偿装置；配置容量为 20Mvar 的水冷直挂型 SVG 动态补偿装置；站内分别配置动力控制系统、火灾自动报警系统、视频安防系统；站内动力电缆采用铜芯电缆；电气设备基础主要包括基础、设备支架、无功补偿装置、主变、避雷器等；建筑物采用钢筋混凝土框架结构，主变基础为现浇钢筋混凝土筏板基础；站内道路采用 4m 水泥混凝土路面，转弯半径为 9m；站内缆沟采用钢筋混凝土结构，轻巧型的电动推拉门，站区四周围墙采用实体砖墙，围墙高度为 2.3m；站区大门采用新型、轻巧型的电动推拉门，站区消防方式为水消防			
交通工程	进站（场）道路及风电场场内交通；进站道路考虑从场外既有道路引接，进站道路采用厚度为 210mm 的水泥混凝土路面，路面宽 4m，路基宽 5m；风电场施工检修道路为新建道路，采用厚度为 200mm 的碎石路面，风电场道路路面宽 5m，路基宽 6m，转弯半径最小为 50m			
施工辅助工程	辅助主体工程施工而修建的临时性工程及采取的措施，包括施工交通工程、施工用电工程、施工用水工程、风电机组安装平台工程、其他施工辅助工程和安全文明施工措施；6MW 级风机吊装平台按照 50m×80m 设置，10MW 级风机吊装平台按照 60m×80m 设置；施工用水采用水车＋蓄水池方式，施工用电为 10kV 线路引接			
环保水保	按不同建设规模，参考国家能源集团现有工程计列			
其他设备及建筑安装工程	除风电场、集电线路、升压变电站主体工程之外的其他设备及建筑安装工程，包括升压站的暖通、消防及给排水、照明、劳动安全与职业卫生工程、安全监测工程、智慧风场工程、风功率预测系统等；安全与职业卫生设备、劳动安全与职业卫生工程、临时用地征收费、长期用地费用、地表清偿费用、不包含生产车辆购置费用			
项目建设用地费	为获得工程建设所需的场地，按照国家、地方相关法律法规规定应支付的有关费用；包括工程建设项目所需的场地征收费、长期用地费用、地表清偿费用			
其他项目费用	为完成工程建设项目所需的其他相关费用；包括工程建设前期费、生产准备费、项目建设管理费、科研勘察设计费和水土保持补偿费等			

4.7 调整模块通用造价指标（表10）

表 10 调整模块通用造价指标表

单位：万元

序号	模块名称	二级模块名称	技术特征及说明	调整模块造价				
				1000MW		500MW	200MW	100MW
				10MW级机型	6MW级机型	10MW级机型	6MW级机型	6MW级机型
一	风力发电机组	6MW级机型	机型：单机容量6.25MW级机型；容量：500MW，200MW，100MW；台数：80台，32台，16台	—	75450	—	30180	15090
		10MW级机型	机型：单机容量10MW级机型；容量：1000MW，500MW；台数：100台，50台	130781	—	65390	—	—
二	塔筒（架）	钢塔筒——轮毂高度125m	单台塔筒重量：300t（包含锚栓及附件）；基础链接：锚栓	—	25905	—	10346	5173
		混合塔筒——轮毂高度160m	钢塔筒段重量：67t；混凝土段：774m³	41749	—	20875	—	5373
三	风电机组安装	钢塔筒——轮毂高度125m	轮毂高度：100~120m；吊车类型：汽车起重机，履带起重机，专用起重机	—	5204	—	2082	1041
		混合塔筒——轮毂高度160m	轮毂高度：160m；吊车类型：汽车起重机，履带起重机，专用起重机	10900	—	5450	—	1472
四	风电机组基础	天然地基——钢塔筒轮毂高度125m	风机基础采用现浇钢筋混凝土扩展式基础；风机基础与塔筒采用预应力锚栓组件连接，基础混凝土强度等级取C45（10MW级机型）或C40（6MW级机型），抗冻等级F200，主受力钢筋强度等级为HRB400	—	12347	—	4936	2469

续表

序号	模块名称	二级模块名称	技术特征及说明	调整模块造价				
				1000MW		500MW	200MW	100MW
				10MW级机型	6MW级机型	10MW级机型	6MW级机型	6MW级机型
四	风电机组基础	天然地基混合塔筒轮毂高度160m	风机基础采用现浇钢筋混凝土扩展式基础；风机基础与塔筒采用预应力锚栓组件连接，6MW级机型基础混凝土强度等级取C40，抗冻等级F200，主受力钢筋强度等级为HRB400	28037	17286	14019	6888	3444
		桩基——钢塔筒轮毂高度125m	风机基础采用桩基础，包含桩和基础承台；灌注桩需要放钢筋笼、浇筑混凝土等内容；基础承台的内容与扩展式基础相同；500MW方案试桩费及桩基检测费按240万元计列；200MW、100MW方案试桩费及桩基检测费按120万元计列	—	14170	—	5692	2906
		桩基——混合塔筒轮毂高度160m	风机基础采用桩基础，包含桩和基础承台；灌注桩需要钻孔、安放钢筋笼、浇筑混凝土等内容；基础承台的内容与扩展式基础相同；500MW方案试桩费及桩基检测费按240万元计列；200MW、100MW方案试桩费及桩基检测费按120万元计列	33644	20743	16822	8266	4133
五	机组出线及接地	机组出线及接地	风电机组出线、发电场区接地和与发电场相关的其他零星项目的设备及建筑安装工程	11582	5620	5791	2257	1122
六	机组变电站	6900kVA油变	二级能效	—	7050	—	2820	1409
		6900kVA干变	二级能效	—	7119	—	2847	1424
		10600kVA油变	二级能效	9538	—	4769	—	—
		10600kVA干变	二级能效	9658	—	4829	—	—

续表

序号	模块名称	二级模块名称	技术特征及说明	调整模块造价				
				1000MW		500MW	200MW	100MW
				10MW级机型	6MW级机型	10MW级机型	6MW级机型	6MW级机型
七	集电线路	架空线路——平原	35kV 架空线路场地为平原地貌； 6MW 级风机上塔电缆 ZC-YJLHY23-26/35kV-3×120，10MW 级风机上塔电缆 ZC-YJLHY23-26/35kV-3×150，长度按每台风机 50m 计列； 500MW 方案（10MW 级风机）架空线路路径长度共计 78km，其中双回架空线路 23km，单回架空线路 55km；进站电缆 ZC-YJLHY23-26/35kV-3×300 共 5.6km，ZC-YJLHY23-26/35kV-3×150 共 1.6km； 500MW 方案（6MW 级风机）架空线路路径长度共计 142.36km，其中双回架空线路 57.76km，单回架空线路 84.60km，进站电缆 ZC-YJLHY23-26/35kV-3×300 共 8km； 200MW 方案架空线路路径长度共计 65.66km，其中双回架空线路 20.75km，单回架空线路 44.91km；进站电缆 ZC-YJLHY23-26/35kV-3×300 共 3.2km； 100MW 方案架空线路路径长度共计 39.84km，其中双回架空线路 13.42km，单回架空线路 26.42km，进站电缆 ZC-YJLHY23-26/35kV-3×300 共 1.6km； 单回架空线路综合单价 47 万元/km，双回架空线路综合单价 78 万元/km	9825	9149	4912	4018	2437
		架空线路——丘陵	35kV 架空线路场地为丘陵地貌； 上塔电缆 ZC-YJLHY23-26/35kV-3×120，每台风机 50m； 200MW 方案架空线路路径长度共计 75.51km，其中双回架空线路 23.86km，单回架空线路 51.65km；进站电缆 ZC-YJLHY23-26/35kV-3×300 共 3.2km	—	—	—	4792	2911

续表

序号	模块名称	二级模块名称	技术特征及说明	调整模块造价				
				1000MW		500MW	200MW	100MW
				10MW级机型	6MW级机型	10MW级机型	6MW级机型	6MW级机型
七	集电线路	架空线路——丘陵	100MW方案架空线路路径长度共计45.81km，其中双回架空线路15.43km，单回架空线路30.38km；进站电缆ZC-YJLHY23-26/35kV-3×300共1.6km；单回架空线路综合单价49.35万元/km，双回架空线路综合单价81.9万元/km					
		架空线路——山地	35kV架空线路场地为山地地貌；上塔电缆ZC-YJLHY23-26/35kV-3×120，每台风机50m；200MW方案架空线路路径长度共计85.36km，其中双回架空线路58.38km，单回架空线路26.98km，进站电缆ZC-YJLHY23-26/35kV-3×300共3.2km；100MW方案架空线路路径长度共计51.8km，其中双回架空线路34.35km，单回架空线路17.45km，进站电缆ZC-YJLHY23-26/35kV-3×300共1.6km，双回架空线路综合单价54.05万元/km，单回架空线路综合单价89.7万元/km	—	—	—	5864	3569
		地埋电缆——平原	35kV地埋电缆场地为平原地貌；200MW方案地埋电缆线路长度共计197.45km；100MW方案地埋电缆线路长度共计87.73km；地埋电缆采用铝合金电力电缆（导线截面3mm×120mm～3mm×300mm）；包含集电线路箱式变压器与场区地埋电缆、场区地埋电缆、35kV开关柜之间铺设的铝合金电缆费用，以及电缆沟建筑费用；平原地埋电缆综合单价44.95万元/km	—	—	—	8866	3943

续表

序号	模块名称	二级模块名称	技术特征及说明	调整模块造价				
				1000MW		500MW	200MW	100MW
				10MW级机型	6MW级机型	10MW级机型	6MW级机型	6MW级机型
七	集电线路	地埋电缆——山地	35kV地埋电缆场地为山地地貌；100MW方案地埋电缆线路长度共计122.82km；地埋电缆采用铝合金电力电缆（导线截面3mm×120mm～3mm×300mm）；包含集电线路箱式变压器与场区地埋电缆、场区地埋电缆与35kV开关柜之间敷设的铝合金电缆费用，以及电缆沟建筑费用；山地地埋电缆综合单价44.96万元/km	—	—	—	—	5522
八	升压变电站工程	110kV部分预装式	配套新建1座110kV升压站；110kV主接线采用线变组接线形式，35kV系统采用单母线接线方式，无功补偿采用水冷式，一次、二次设备布置于预制舱内；土建部分建（构）筑物基础采用混凝土独立基础，站区道路采用混凝土硬化道路，道路宽度4m，消防通道转弯半径不小于9m，站区周边设置围墙，围墙高度2.3m	—	—	—	—	2126
		110kV常规建筑装式	配套新建1座110kV升压站；110kV主接线采用线变组接线形式，35kV系统采用单母线接线方式，无功补偿采用水冷式，一次、二次设备采用土建部分建（构）筑物基础采用混凝土独立基础，站区道路采用混凝土硬化道路，道路宽度4m，消防通道转弯半径不小于9m，站区周边设置围墙，围墙高度2.3m	—	—	—	—	2321
		220kV部分预装式	配套新建1座220kV升压站；220kV主接线采用单母线接线方式，35kV配电装置采用多段单母线接线，无功补偿采用水冷式，一次、二次设备布置于预制舱内；土建部分建（构）筑物基础采用混凝土独立基础，站区道路采用混凝土硬化道路，道路宽度4m，消防通道转弯半径不小于9m，站区周边设置围墙，围墙高度2.3m	—	11017	12543	5734	—

续表

序号	模块名称	二级模块名称	技术特征及说明	调整模块造价				
				1000MW		500MW	200MW	100MW
				10MW级机型	6MW级机型	10MW级机型	6MW级机型	6MW级机型
八	升压变电站工程	220kV常规建筑	配套新建1座220kV升压站；220kV主接线采用单母线接线方式，35kV配电装置采用多段单母线接线，无功补偿采用水冷式；土建部分建混凝土硬化道路，道路宽度4m，消防通道转弯半径不小于9m，站区周边设置围墙，围墙高度2.3m	—	10310	9940	5421	—
		330kV常规建筑	1000MW规模项目配套2座330kV升压站，通过40km联络线连接；500MW规模项目配套新建1座330kV升压站；330kV主接线采用单母线接线方式，35kV配电装置采用多段单母线接线，无功补偿采用水冷式；土建部分建混凝土硬化道路，道路宽度4m，消防通道转弯半径不小于9m，站区周边设置围墙，围墙高度2.3m	27312	10996	10996	—	—
九	交通工程	平原	平原风电场进站道路及场内交通、场地为平原地貌；进站道路考虑从场外既有道路引接，进站道路采用厚度为210mm的水泥混凝土路面，路面宽5m，路基宽5m，每座升压站进站道路长度2km；场内检修道路采用厚度为200mm的山皮石路面，风场道路路面宽5m，路基宽6m，转弯半径最小为50m，已考虑护坡、防洪等工程费用；500MW方案（6MW级风机）道路长度为104.51km，500MW方案（10MW级风机）道路长度为55.5km，200MW方案道路长度为43.65km，100MW方案道路长度为23.23km；平原道路综合单价25.92万元/km	—	2883	1613	1306	777

续表

序号	模块名称	二级模块名称	技术特征及说明	调整模块造价				
				1000MW		500MW	200MW	100MW
				10MW级机型	6MW级机型	10MW级机型	6MW级机型	6MW级机型
九	交通工程	丘陵	丘陵风电场站进站（场）道路及场内交通，场地为丘陵地貌； 进站道路考虑从场外既有道路引接，进站道路采用厚度为210mm的水泥混凝土路面，路面宽4m，每座升压站进站道路宽5m，路基宽6m，转弯半径最小为50m； 场内检修道路采用厚度为200mm的山皮石路面，风场道路路面宽5m，路基宽6m，转弯半径最小为50m； 已考虑护坡、防洪等工程费用； 200MW方案道路长度为48.28km，100MW方案道路长度为25.70km； 丘陵道路综合单价36.15万元/km	—	—	—	1920	1104
		山地	山地风电场站进站（场）道路及场内交通，场地为山地地貌，地质条件良好，施工难度较低或周边有可利用道路； 进站道路考虑从场外既有道路引接，进站道路采用厚度为210mm的水泥混凝土路面，路面宽4m，每座升压站进站道路宽5m，路基宽6m，转弯半径最小为50m； 场内检修道路采用厚度为200mm的山皮石路面，风场道路路面宽5m，路基宽6m，转弯半径最小为50m； 已考虑护坡、防洪等工程费用； 200MW方案道路长度为56.74km，100MW方案道路长度为30.2km； 山地道路综合单价63.20万元/km	—	—	—	3760	2083
		复杂山地	复杂山地风电场进站（场）道路及场内交通，场地为复杂山地地貌，地质条件复杂且周边既有无可利用道路； 进站道路考虑从场外既有道路引接，进站道路采用厚度为210mm的水泥混凝土路面，路面宽4m，每座升压站进站道路宽5m，每座升压站进站道路长度为2km；	—	—	—	—	4047

续表

序号	模块名称	二级模块名称	技术特征及说明	调整模块造价				
				1000MW		500MW	200MW	100MW
				10MW级机型	6MW级机型	10MW级机型	6MW级机型	6MW级机型
九	交通工程	复杂山地	场内检修道路采用厚度为200mm的山皮石路面，风场道路路面宽5m，路基宽6m，转弯半径最小为50m；已考虑护坡、防洪等工程费用；100MW方案道路长度为32.52km；复杂山地道路综合单价119.07万元/km	2576	2271	1288	—	—
		"沙戈荒"大基地	"沙戈荒"大基地项目风电场进站（场）道路及场内交通、场地为平原地貌；进站道路考虑从场外既有道路引接，进站道路采用厚度为210mm的水泥混凝土路面，路面宽4m，路基宽5m，每座升压站进站道路长度为2km；场内检修道路为普通碎石道路，无复杂地质情况，采用厚度为200mm的碎石路面，风场道路路面宽5m，路基宽6m，转弯半径最小为50m；该模块造价未考虑换填费用，如考虑换填20%，则单位造价在该模块基础上另增加15万元/km；如考虑换填50%，则单位造价在该模块基础上另增加40万元/km；已考虑护坡、防洪等工程费用；1000MW方案（10MW级风机）道路长度为111km，500MW方案（6MW级风机）道路长度度为104.51km，500MW方案（10MW级风机）道路长度为55.5km；"沙戈荒"大基地道路综合单价20.06万元/km					
十	施工辅助工程	平原	平原地貌；可用于"沙戈荒"大基地项目	4844	2985	2422	1335	676
		丘陵	丘陵地貌	—	—	—	1514	769

续表

序号	模块名称	二级模块名称	技术特征及说明	调整模块造价					
				1000MW		500MW		200MW	100MW
				10MW级机型	6MW级机型	10MW级机型	6MW级机型	6MW级机型	6MW级机型
十	施工辅助工程	山地	山地地貌	—	—	—	—	1877	954
		复杂山地	复杂山地地貌	—	—	—	—	—	1149
十一	其他设备及建筑安装工程		平原地貌； 包括升压站内的暖通、消防及给排水、照明、劳动安全与职业卫生设备、劳动安全与职业卫生工程、安全监测工程、风功率预测系统等，智慧风场工程费按430万元计列； 本模块费用不包含生产车辆购置费用，发生时可根据国家能源集团及各分公司相关标准按实计列；	1838	919	919	—	706	637
		常规项目	500MW方案环境保护工程费按照500万元计列，水土保持工程费按照1000万元计列； 200MW方案环境保护工程费按照200万元计列，水土保持工程费按照400万元计列； 100MW方案环境保护工程费按照100万元计列，水土保持工程费按照200万元计列； 实际费用水平与指标不同时，可根据环评及水保相关批复文件按实调整	3000	1500	1500	—	600	300
十二	环保水保	特殊项目	适用于地貌复杂，降水丰富，有茂密植被覆盖的山地区域，环保水保要求较高，需考虑特殊措施的项目； 200MW方案环境保护工程费按照800万元计列，水土保持工程费按照1600万元计列； 100MW方案环境保护工程费按照400万元计列，水土保持工程费按照800万元计列； 500MW方案与1000MW方案以平原地形为主，暂不考虑特殊项目环保水保费； 实际费用水平与指标不同时，可根据环评及水保相关批复文件按实调整	—	—	—	—	2400	1200

续表

序号	模块名称	二级模块名称	技术特征及说明	调整模块造价				
				1000MW		500MW	200MW	100MW
				10MW级机型	6MW级机型	10MW级机型	6MW级机型	6MW级机型
十三	项目建设用地费	常规项目	500MW方案（10MW级机型）：永久征地面积106.942亩，长期租地面积634.2亩，临时租地面积1786.02亩；500MW方案（6MW级机型）：永久征地面积112.72亩，长期租地面积965.77亩，临时租地面积1786.02亩；200MW方案：永久征地面积46.58亩，长期租地面积736.5亩，长期租地面积398.26亩，100MW方案：永久征地面积34.43亩，长期租地面积386.66亩，长期租地面积209.09亩，永久征地单价为15万元/亩，长期租地单价为0.05万元/亩，地表清偿费单价为0.1万元/亩	—	2104	1751	869	606
		"沙戈荒"大基地	1000MW方案：永久征地面积261.88亩（其中升压站间联络线塔基征地面积48亩），长期租地面积691.2亩，临时租地面积1268.4亩；500MW方案（10MW级机型）：永久征地面积106.9亩，长期租地面积634.2亩，临时租地面积1786.02亩；500MW方案（6MW级机型）：永久征地面积112.72亩，长期租地面积965.77亩，临时租地面积1786.02亩；永久征地单价为10万元/亩，长期租地单价为0.05万元/亩，地表清偿费单价为0.05万元/亩	2913	1540	1216	—	—
十四	其他项目费用	按相应技术特征立建调整模块	指标根据项目建筑安装费、设备购置费计算；工程前期费：1000MW方案2000万元，500MW方案1250万元，200MW方案500万元，100MW方案300万元；勘察设计费：1000MW方案2500万元，500MW方案1250万元，200MW方案500万元，100MW方案250万元；	11756	6611	6146	3575	2408

续表

序号	模块名称	二级模块名称	技术特征及说明	调整模块造价 1000MW 10MW级机型	1000MW 6MW级机型	500MW 10MW级机型	200MW 6MW级机型	100MW 6MW级机型
十四	其他项目费用	按相应技术特征立建调整模块	生产准备费按编规取值； 上述费用可按实调整； 其他税费项目仅包含水土保持补偿费					

注：（1）在"技术特征及说明"一栏中列用费用标准和工程量的项目，可按实调整；
（2）在"技术特征及说明"一栏中未注明可按实调整的工程量，按照"表6 陆上风电项目主要参考工程量表"中对应内容进行调整；
（3）在"技术特征及说明"一栏中未列出单价和标准的可按实调整，按照"表7 陆上风电项目主要设备参考价格表"和"表8 陆上风电项目综合单价参考指标表"中对应内容进行调整。

4.8 不同功率风电机组机型比选调整模块（表 11）

表 11　不同功率风电机组机型比选调整模块表

单位：万元

序号	模块名称	二级模块名称	技术特征及说明	1000MW 10MW级机型	500MW 6MW级机型	500MW 7MW级机型	500MW 10MW级机型	200MW 6MW级机型	200MW 7MW级机型	100MW 6MW级机型
一	风力发电机组	风机购置费	装机数量（台）	100	80	70	50	32	28	16
			含至现场运费及卸车保管费	130781	75450	75450	65390	30180	30180	15090

续表

序号	模块名称	二级模块名称	技术特征及说明	1000MW 10MW级机型	500MW 6MW级机型	500MW 7MW级机型	500MW 10MW级机型	200MW 6MW级机型	200MW 7MW级机型	100MW 6MW级机型
二	塔筒（架）	钢塔筒——轮毂高度125m	塔筒设备购置费，含至现场运费及卸车保管费	—	25905	23000	—	10346	9200	5173
		混合塔筒——轮毂高度160m	塔筒设备购置费，含至现场运费及卸车保管费	41749	26865	—	20875	10746	—	5373
		混合塔筒——轮毂高度140m	塔筒设备购置费，含至现场运费及卸车保管费	—	—	24000	—	—	9600	—
三	风电机组安装	钢塔筒——轮毂高度125m		—	5204	4554	—	2082	1821	1041
		混合塔筒——轮毂高度140m/160m		10900	7360	6440	5450	2944	2576	1472
四	风电机组基础	天然地基——钢塔筒轮毂高度125m		—	12347	12100	—	4936	4840	2469
		天然地基——混合塔筒轮毂高度140m/160m		28037	17286	16940	14019	6888	6776	3444
		桩基——钢塔筒轮毂高度125m		—	14170	14239	—	5692	5695	2906
		桩基——混合塔筒轮毂高度140m/160m		33644	20743	20328	16822	8266	8131	4133
五	机组出线及接地	与风机机型保持一致		11582	5620	4909	5791	2257	1963	1122
六	机组变电站	6900kVA油变		—	7050	—	—	2820	—	1409
		6900kVA干变		—	7119	—	—	2847	—	1424

续表

序号	模块名称	二级模块名称	技术特征及说明	1000MW 10MW级机型	500MW 6MW级机型	500MW 7MW级机型	500MW 10MW级机型	200MW 6MW级机型	200MW 7MW级机型	100MW 6MW级机型
六	机组变电站	7900kVA油变		—	—	6378	—	—	2551	—
		7900kVA干变		—	—	6439	—	—	2575	—
		10600kVA油变		9538	—	—	4769	—	—	—
		10600kVA干变		9658	—	—	4829	—	—	—
七	集电线路	架空线路——平原（"沙戈荒"大基地）	架空线路长度（km）	156	142.36	124.57	78	65.66	57.45	39.84
			投资	9825	9149	8005	4912	4018	3515	2437
		架空线路——丘陵	架空线路长度（km）	—	—	—	—	75.51	66.07	45.82
			投资	—	—	—	—	4792	4192	2911
		架空线路——山地	架空线路长度（km）	—	—	—	—	85.36	74.69	51.79
			投资	—	—	—	—	5864	5130	3569
		地埋电缆——平原	埋地电缆长度（km）	—	—	—	—	197.45	172.77	87.73
			投资	—	—	—	—	8866	7757	3943
		地埋电缆——山地	埋地电缆长度（km）	—	—	—	—	—	—	122.82
			投资	—	—	—	—	—	—	5522
八	交通工程	平原	场内道路长度（km）	—	104.5	95.48	55.5	43.65	38.19	23.23
			投资	—	2883	2856	1613	1306	1142	777

续表

序号	模块名称	二级模块名称	技术特征及说明	1000MW 10MW 级机型	500MW 6MW 级机型	500MW 7MW 级机型	500MW 10MW 级机型	200MW 6MW 级机型	200MW 7MW 级机型	100MW 6MW 级机型
八	交通工程	丘陵	场内道路长度（km）	—	—	—	—	48.28	42.25	25.7
		丘陵	投资	—	—	—	—	1920	1679	1104
		山地	场内道路长度（km）	—	—	—	—	56.74	49.65	30.2
		山地	投资	—	—	—	—	3760	3290	2083
		复杂山地	场内道路长度（km）	—	—	—	—	—	—	32.52
		复杂山地	投资	—	—	—	—	—	—	4047
		"沙戈荒"大基地	场内道路长度（km）	111	104.5	95.48	55.5	—	—	—
		"沙戈荒"大基地	投资	2576	2271	2250	1288	—	—	—
九	项目建设用地费	常规项目		—	2104	1966	1751	869	785	606
		"沙戈荒"大基地		2913	1540	1473	1216	—	—	—

注：本表模块调整范围及方式同"表 10 调整模块通用造价指标表"。

5 单项工程技术说明及造价指标

5.1 送出线路单项指标

5.1.1 技术说明

本单项工程仅为满足项目送出需要的送出线路工程，根据不同容量、线路电压等级、导线形式、线路长度，确定送出线路的相应投资水平。其他为满足接入条件所发生的各项相关费用，如对侧间隔改造、汇集站建设等的费用，不在本单项指标中考虑。

实际送出线路方案与本单项指标不同时，可根据方案按实进行调整。

5.1.2 造价指标（表12）

表 12 送出线路主要技术方案及造价指标表

装机容量	线路技术参数	线路长度（km）	线路单价（万元/km）	总价（万元）	单位投资（元/kW）
1000MW	330kV，2×400 双回路	50	246	12300	123
500MW	330kV，2×400 单回路	50	133	6650	133
500MW	220kV，2×400 单回路	50	127	6350	127
200MW	220kV，2×300 单回路	25	113	2825	141
100MW	110kV，1×400 单回路	15	94	1410	141

5.2 储能工程单项指标

5.2.1 技术说明

配套储能、构网型储能、独立（共享）储能均考虑电化学方案，电芯采用磷酸铁锂电池。

储能设施由多个标准储能单元组成，每个储能单元额定容量按2.5MWh/5MWh考虑，1套电池储能单元对应1套PCS单元；每套电池储能单元与配套的电池控制柜、汇流柜、消防及暖通系统集成安装于1个预制电池集装箱中，由电池厂家成套提供；每个PCS单元包含1台2500kW变流器，对应1台2750kVA的35kV/0.4kV干式变压器，与配套的环网柜、配电箱、保护柜、消防及暖通系统等集成安装于1个预制PCS集装箱中，由PCS厂家成套提供。

5.2.2 造价指标

储能工程单位造价指标如表13所示，该造价指标仅供参考，各工程可根据实际情况计列该费用。

表 13 储能工程单位造价指标表

储能电芯	放电时长	放电倍率	单价		
			配套储能（元/Wh）	构网型储能（元/Wh）	独立（共享）储能（元/Wh）
磷酸铁锂	1h	1C	0.95	1.1	1.15
	2h	0.5C	0.85	0.94	1.05
	4h	0.25C	0.76	0.81	0.96

附录 陆上风电项目基本方案总概算表

附表1 陆上风电项目基本方案总概算表——"沙戈荒"大基地1000MW
（单机容量10MW级）

单位：万元

序号	工程或费用名称	设备购置费	建安工程费	其他费用	合计
一	施工辅助工程		4845		4845
1	施工供电工程		200		200
2	风机安装平台工程		2358		2358
3	其他施工辅助工程		600		600
4	安全文明施工费		1687		1687
二	设备及安装工程	199772	39195		238967
1	风电场设备及安装工程	181030	22507		203537
2	集电线路设备及安装工程		9706		9706
3	升压变电设备及安装工程	17415	6972		24387
4	其他设备及安装工程	1327	10		1337
三	建筑工程		38170		38170
1	发电设备基础工程		29051		29051
2	集电线路工程		118		118
3	升压变电站工程		2925		2925
4	交通工程		2576		2576
5	其他工程		3500		3500
四	其他费用			14669	14669
1	项目建设用地费			2913	2913
2	工程前期费			2000	2000
3	项目建设管理费			4849	4849
4	生产准备费			1694	1694
5	科研勘察设计费			3006	3006
6	其他税费			207	207
五	基本预备费				5933
	工程静态投资（一至五部分）合计				302584
	单位千瓦静态投资（元/kW）				3026

附表 2　陆上风电项目基本方案总概算表——平原 500MW（单机容量 6MW 级）

单位：万元

序号	工程或费用名称	设备购置费	建安工程费	其他费用	合计
一	施工辅助工程		2985		2985
1	施工供电工程		100		100
2	风机安装平台工程		1509		1509
3	其他施工辅助工程		300		300
4	安全文明施工费		1076		1076
二	设备及安装工程	115905	21968		137873
1	风电场设备及安装工程	107515	10857		118372
2	集电线路设备及安装工程		9074		9074
3	升压变电设备及安装工程	7726	2032		9758
4	其他设备及安装工程	664	5		669
三	建筑工程		19173		19173
1	发电设备基础工程		13204		13204
2	集电线路工程		76		76
3	升压变电站工程		1260		1260
4	交通工程		2883		2883
5	其他工程		1750		1750
四	其他费用			8715	8715
1	项目建设用地费			2104	2104
2	工程前期费			1250	1250
3	项目建设管理费			2876	2876
4	生产准备费			747	747
5	科研勘察设计费			1471	1471
6	其他税费			267	267
五	基本预备费				3375
	工程静态投资（一至五部分）合计				172121
	单位千瓦静态投资（元 /kW）				3442

附表 3　陆上风电项目基本方案总概算表——平原 500MW（单机容量 10MW 级）

单位：万元

序号	工程或费用名称	设备购置费	建安工程费	其他费用	合计
一	施工辅助工程		2422		2422
1	施工供电工程		100		100
2	风机安装平台工程		1179		1179
3	其他施工辅助工程		300		300
4	安全文明施工费		843		843
二	设备及安装工程	100318	18111		118429
1	风电场设备及安装工程	90515	11254		101769
2	集电线路设备及安装工程		4853		4853
3	升压变电设备及安装工程	9139	1999		11138
4	其他设备及安装工程	664	5		669
三	建筑工程		19352		19352
1	发电设备基础工程		14525		14525
2	集电线路工程		59		59
3	升压变电站工程		1405		1405
4	交通工程		1613		1613
5	其他工程		1750		1750
四	其他费用			7896	7896
1	项目建设用地费			1751	1751
2	工程前期费			1250	1250
3	项目建设管理费			2678	2678
4	生产准备费			667	667
5	科研勘察设计费			1449	1449
6	其他税费			101	101
五	基本预备费				2962
	工程静态投资（一至五部分）合计				151061
	单位千瓦静态投资（元 /kW）				3021

附表4 陆上风电项目基本方案总概算表——"沙戈荒"大基地500MW（单机容量6MW级）

单位：万元

序号	工程或费用名称	设备购置费	建安工程费	其他费用	合计
一	施工辅助工程		2985		2985
1	施工供电工程		100		100
2	风机安装平台工程		1509		1509
3	其他施工辅助工程		300		300
4	安全文明施工费		1076		1076
二	设备及安装工程	116887	20762		137649
1	风电场设备及安装工程	107515	10857		118372
2	集电线路设备及安装工程		9074		9074
3	升压变电设备及安装工程	8708	826		9534
4	其他设备及安装工程	664	5		669
三	建筑工程		18763		18763
1	发电设备基础工程		13204		13204
2	集电线路工程		76		76
3	升压变电站工程		1462		1462
4	交通工程		2271		2271
5	其他工程		1750		1750
四	其他费用			8151	8151
1	项目建设用地费			1540	1540
2	工程前期费			1250	1250
3	项目建设管理费			2876	2876
4	生产准备费			747	747
5	科研勘察设计费			1471	1471
6	其他税费			267	267
五	基本预备费				3351
	工程静态投资（一至五部分）合计				170899
	单位千瓦静态投资（元/kW）				3418

附表 5　陆上风电项目基本方案总概算表——"沙戈荒"大基地 500MW
（单机容量 10MW 级）

单位：万元

序号	工程或费用名称	设备购置费	建安工程费	其他费用	合计
一	施工辅助工程		2422		2422
1	施工供电工程		100		100
2	风机安装平台工程		1179		1179
3	其他施工辅助工程		300		300
4	安全文明施工费		843		843
二	设备及安装工程	99887	16938		116825
1	风电场设备及安装工程	90515	11254		101769
2	集电线路设备及安装工程		4853		4853
3	升压变电设备及安装工程	8708	826		9534
4	其他设备及安装工程	664	5		669
三	建筑工程		19084		19084
1	发电设备基础工程		14525		14525
2	集电线路工程		59		59
3	升压变电站工程		1462		1462
4	交通工程		1288		1288
5	其他工程		1750		1750
四	其他费用			7361	7361
1	项目建设用地费			1216	1216
2	工程前期费			1250	1250
3	项目建设管理费			2678	2678
4	生产准备费			667	667
5	科研勘察设计费			1449	1449
6	其他税费			101	101
五	基本预备费				2914
	工程静态投资（一至五部分）合计				148606
	单位千瓦静态投资（元/kW）				2972

附表6 陆上风电项目基本方案总概算表——平原200MW

单位：万元

序号	工程或费用名称	设备购置费	建安工程费	其他费用	合计
一	施工辅助工程		1335		1335
1	施工供电工程		40		40
2	风机安装平台工程		604		604
3	其他施工辅助工程		240		240
4	安全文明施工费		451		451
二	设备及安装工程	47820	8878		56698
1	风电场设备及安装工程	42990	4343		47333
2	集电线路设备及安装工程		3988		3988
3	升压变电设备及安装工程	4226	544		4770
4	其他设备及安装工程	604	3		607
三	建筑工程		8287		8287
1	发电设备基础工程		5287		5287
2	集电线路工程		30		30
3	升压变电站工程		964		964
4	交通工程		1306		1306
5	其他工程		700		700
四	其他费用			4444	4444
1	项目建设用地费			869	869
2	工程前期费			500	500
3	项目建设管理费			1923	1923
4	生产准备费			449	449
5	科研勘察设计费			593	593
6	其他税费			110	110
五	基本预备费				1415
工程静态投资（一至五部分）合计					72179
单位千瓦静态投资（元/kW）					3609

附表 7　陆上风电项目基本方案总概算表——丘陵 200MW

单位：万元

序号	工程或费用名称	设备购置费	建安工程费	其他费用	合计
一	施工辅助工程		1514		1514
1	施工供电工程		40		40
2	风机安装平台工程		745		745
3	其他施工辅助工程		240		240
4	安全文明施工费		489		489
二	设备及安装工程	47820	9651		57471
1	风电场设备及安装工程	42990	4343		47333
2	集电线路设备及安装工程		4761		4761
3	升压变电设备及安装工程	4226	544		4770
4	其他设备及安装工程	604	3		607
三	建筑工程		8901		8901
1	发电设备基础工程		5287		5287
2	集电线路工程		30		30
3	升压变电站工程		964		964
4	交通工程		1920		1920
5	其他工程		700		700
四	其他费用			4444	4444
1	项目建设用地费			869	869
2	工程前期费			500	500
3	项目建设管理费			1923	1923
4	生产准备费			449	449
5	科研勘察设计费			593	593
6	其他税费			110	110
五	基本预备费				1447
	工程静态投资（一至五部分）合计				73777
	单位千瓦静态投资（元/kW）				3689

附表 8　陆上风电项目基本方案总概算表——山地 200MW

单位：万元

序号	工程或费用名称	设备购置费	建安工程费	其他费用	合计
一	施工辅助工程		1877		1877
1	施工供电工程		40		40
2	风机安装平台工程		1028		1028
3	其他施工辅助工程		240		240
4	安全文明施工费		569		569
二	设备及安装工程	47820	10724		58544
1	风电场设备及安装工程	42990	4343		47333
2	集电线路设备及安装工程		5834		5834
3	升压变电设备及安装工程	4226	544		4770
4	其他设备及安装工程	604	3		607
三	建筑工程		12541		12541
1	发电设备基础工程		5287		5287
2	集电线路工程		30		30
3	升压变电站工程		964		964
4	交通工程		3760		3760
5	其他工程		2500		2500
四	其他费用			4444	4444
1	项目建设用地费			869	869
2	工程前期费			500	500
3	项目建设管理费			1923	1923
4	生产准备费			449	449
5	科研勘察设计费			593	593
6	其他税费			110	110
五	基本预备费				1548
	工程静态投资（一至五部分）合计				78954
	单位千瓦静态投资（元 /kW）				3948

附表 9　陆上风电项目基本方案总概算表——平原 100MW

单位：万元

序号	工程或费用名称	设备购置费	建安工程费	其他费用	合计
一	施工辅助工程		676		676
1	施工供电工程		20		20
2	风机安装平台工程		302		302
3	其他施工辅助工程		120		120
4	安全文明施工费		234		234
二	设备及安装工程	23653	4863		28516
1	风电场设备及安装工程	21495	2172		23667
2	集电线路设备及安装工程		2418		2418
3	升压变电设备及安装工程	1604	240		1844
4	其他设备及安装工程	554	33		587
三	建筑工程		4066		4066
1	发电设备基础工程		2637		2637
2	集电线路工程		19		19
3	升压变电站工程		283		283
4	交通工程		777		777
5	其他工程		350		350
四	其他费用			3014	3014
1	项目建设用地费			606	606
2	工程前期费			300	300
3	项目建设管理费			1462	1462
4	生产准备费			289	289
5	科研勘察设计费			298	298
6	其他税费			59	59
五	基本预备费				725
	工程静态投资（一至五部分）合计				36997
	单位千瓦静态投资（元 /kW）				3700

附表 10　陆上风电项目基本方案总概算表——丘陵 100MW

单位：万元

序号	工程或费用名称	设备购置费	建安工程费	其他费用	合计
一	施工辅助工程		768		768
1	施工供电工程		20		20
2	风机安装平台工程		372		372
3	其他施工辅助工程		120		120
4	安全文明施工费		256		256
二	设备及安装工程	23653	5338		28991
1	风电场设备及安装工程	21495	2172		23667
2	集电线路设备及安装工程		2893		2893
3	升压变电设备及安装工程	1604	240		1844
4	其他设备及安装工程	554	33		587
三	建筑工程		4393		4393
1	发电设备基础工程		2637		2637
2	集电线路工程		19		19
3	升压变电站工程		283		283
4	交通工程		1104		1104
5	其他工程		350		350
四	其他费用			3014	3014
1	项目建设用地费			606	606
2	工程前期费			300	300
3	项目建设管理费			1462	1462
4	生产准备费			289	289
5	科研勘察设计费			298	298
6	其他税费			59	59
五	基本预备费				743
	工程静态投资（一至五部分）合计				37909
	单位千瓦静态投资（元/kW）				3791

附表 11　陆上风电项目基本方案总概算表——山地 100MW

单位：万元

序号	工程或费用名称	设备购置费	建安工程费	其他费用	合计
一	施工辅助工程		954		954
1	施工供电工程		20		20
2	风机安装平台工程		514		514
3	其他施工辅助工程		120		120
4	安全文明施工费		300		300
二	设备及安装工程	23653	5995		29648
1	风电场设备及安装工程	21495	2172		23667
2	集电线路设备及安装工程		3550		3550
3	升压变电设备及安装工程	1604	240		1844
4	其他设备及安装工程	554	33		587
三	建筑工程		6272		6272
1	发电设备基础工程		2637		2637
2	集电线路工程		19		19
3	升压变电站工程		283		283
4	交通工程		2083		2083
5	其他工程		1250		1250
四	其他费用			3013	3013
1	项目建设用地费			606	606
2	工程前期费			300	300
3	项目建设管理费			1462	1462
4	生产准备费			288	288
5	科研勘察设计费			298	298
6	其他税费			59	59
五	基本预备费				798
	工程静态投资（一至五部分）合计				40685
	单位千瓦静态投资（元/kW）				4069

附表 12　陆上风电项目基本方案总概算表——复杂山地 100MW

单位：万元

序号	工程或费用名称	设备购置费	建安工程费	其他费用	合计
一	施工辅助工程		1148		1148
1	施工供电工程		20		20
2	风机安装平台工程		655		655
3	其他施工辅助工程		120		120
4	安全文明施工费		353		353
二	设备及安装工程	23653	7145		30798
1	风电场设备及安装工程	21495	2172		23667
2	集电线路设备及安装工程		4700		4700
3	升压变电设备及安装工程	1604	240		1844
4	其他设备及安装工程	554	33		587
三	建筑工程		9038		9038
1	发电设备基础工程		2637		2637
2	集电线路工程		821		821
3	升压变电站工程		283		283
4	交通工程		4047		4047
5	其他工程		1250		1250
四	其他费用			3014	3014
1	项目建设用地费			606	606
2	工程前期费			300	300
3	项目建设管理费			1462	1462
4	生产准备费			289	289
5	科研勘察设计费			298	298
6	其他税费			59	59
五	基本预备费				880
工程静态投资（一至五部分）合计					44878
单位千瓦静态投资（元 /kW）					4488